STATION ET LABORATOIRES AGRICOLES DE L'ÉTAT

# RAPPORT

ADRESSÉ

## A LA COMMISSION ADMINISTRATIVE

### SUR LES TRAVAUX DE 1885

PAR

**M. de MOLINARI**

Directeur du laboratoire agricole de l'État à Liège

BRUXELLES

P. WEISSENBRUCH, IMPRIMEUR DU ROI

ÉDITEUR

45, RUE DU POINÇON, 45

1886

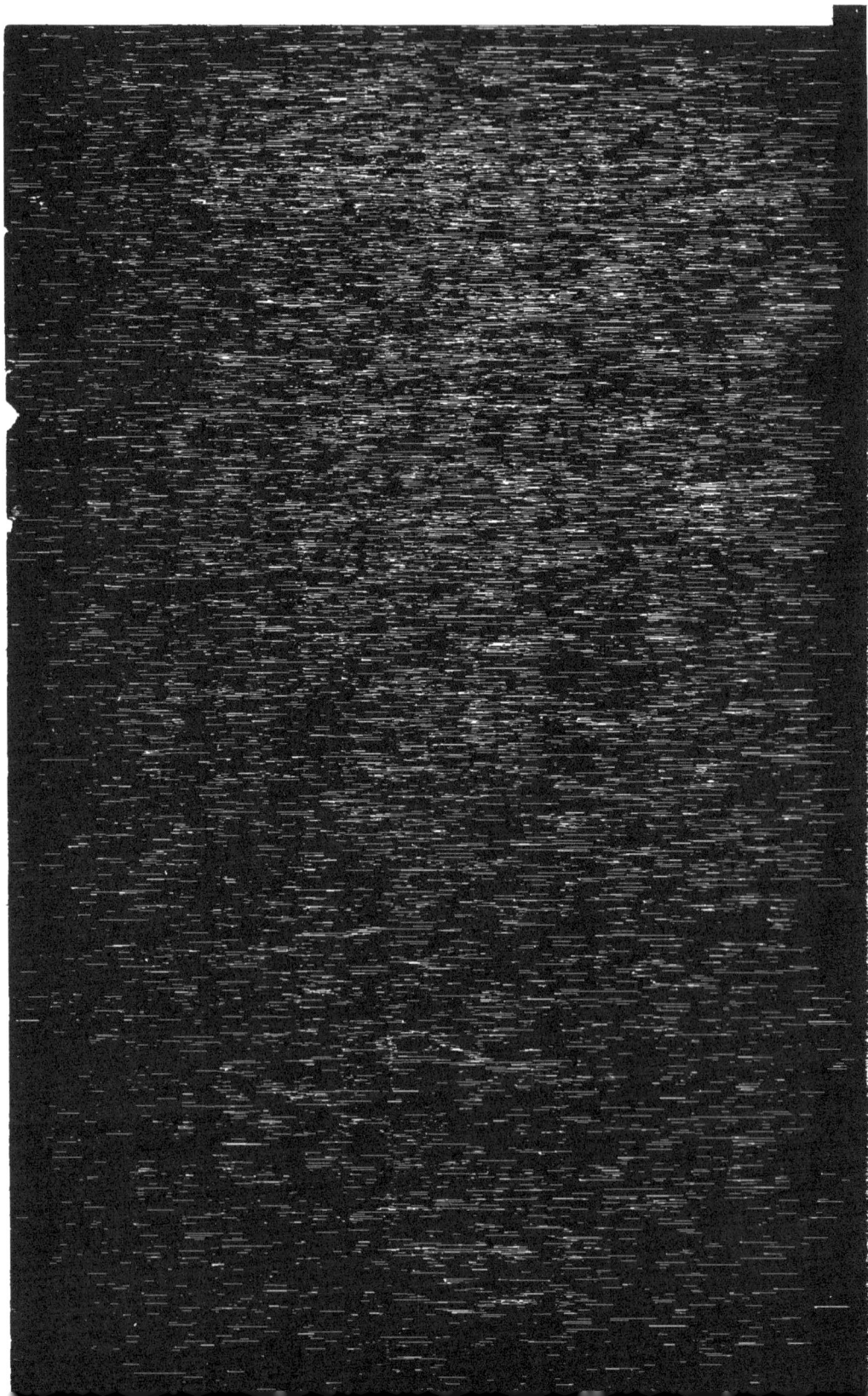

LABORATOIRE AGRICOLE DE L'ÉTAT A LIÈGE

# RAPPORT

## A LA COMMISSION ADMINISTRATIVE

SUR LES TRAVAUX DE 1885

(Extrait du *Bulletin de l'Agriculture*. — Année 1886, pages 573 à 582.)

# RAPPORT

ADRESSÉ

## A LA COMMISSION ADMINISTRATIVE

### SUR LES TRAVAUX DE 1885

PAR

**M. de MOLINARI**

Directeur du laboratoire agricole de l'État à Liége.

BRUXELLES

P. WEISSENBRUCH, IMPRIMEUR DU ROI

ÉDITEUR

45, RUE DU POINÇON, 45

1886

# RAPPORT

ADRESSÉ A LA COMMISSION ADMINISTRATIVE SUR LES TRAVAUX DE 1885

PAR M. DE MOLINARI,

Directeur du laboratoire agricole de l'État à Liége.

Monsieur le Président,

J'ai l'honneur de vous adresser mon rapport sur les opérations exécutées au laboratoire agricole de Liége pendant l'année 1885.

Nous avons reçu en 1885, pour être analysés, 1,561 échantillons, qui, d'après leur nature, peuvent se classer de la manière suivante :

| | | | |
|---|---:|---|---:|
| Engrais complets | 107 | Farine de cocotier | 3 |
| Nitrate de soude | 94 | Résidus de distillerie | 2 |
| Superphosphate | 306 | Farine | 8 |
| Id. potassé | 4 | Son | 4 |
| Id. azoté | 61 | Laitier | 1 |
| Phosphate | 36 | Acide oxalique | 1 |
| Plâtre phosphaté | 2 | Urines | 2 |
| Phosphate basique (Orban et Cie) | 43 | Sirops et jus | 6 |
| Poudre d'os | 3 | Mélasse | 1 |
| Nitrate de potasse | 1 | Betterave | 522 |
| Sulfate d'ammoniaque | 33 | Canne à sucre | 10 |
| Sulfate de soude | 1 | Sucre | 6 |
| Guano | 1 | Beurre | 29 |
| Laine | 61 | Eau | 45 |
| Chiffons | 3 | Poudre à tirer | 1 |
| Cuir | 3 | Malt | 7 |
| Suie | 1 | Lait | 2 |
| Boues de lavage de laines | 1 | Bière | 2 |
| Chlorure de potassium | 35 | Vin | 1 |
| Écumes de sucrerie | 4 | Vinaigre | 1 |
| Colombine | 1 | Chicorée | 3 |
| Kaïnite | 2 | Poivre | 3 |
| Terre | 5 | Cannelle | 1 |
| Marne | 2 | Moutardes de table | 3 |
| Plâtre | 2 | Genièvre | 4 |
| Semence | 10 | Rhum | 2 |
| Tourteaux de lin | 3 | Vermouth | 1 |
| Id. de colza | 15 | Cognac | 1 |
| Id. d'arachides | 4 | Eau-de-vie | 1 |
| Id. de cocotier | 7 | Sirop de groseille | 1 |

| Curaçao . . . . . . . | 1 | Saucisses . . . . . . | 3 |
|---|---|---|---|
| Grenadine . . . . . . | 1 | Chocolat. . . . . . . | 2 |
| Sucreries . . . . . . | 23 | Jouets . . . . . . . | 1 |
| Pain d'épices . . . . . | 3 | Houille . . . . . . . | 2 |

Ces échantillons ont donné lieu à 2,380 dosages divisés en :

674 dosages d'acide phosphorique,
370 id. d'azote,
142 id. de potasse,
33 id. de matières grasses,
33 id. de matières albuminoïdes,
545 id. de sucre,
683 id. divers et essais qualitatifs.

A ces dosages viennent s'ajouter de nombreux essais microscopiques. De plus, nous avons donné aux cultivateurs 71 consultations, tant verbales qu'écrites, sur l'emploi et l'achat des engrais, ainsi que sur les soins à donner au bétail, et surtout sur l'alimentation de ce dernier.

Le chiffre des analyses de contrôle s'est élevé à 449.

Si nous comparons le nombre d'échantillons reçus au laboratoire pendant l'année 1885 à celui de l'année précédente, nous voyons qu'il y a une augmentation de 318 échantillons. Quant aux dosages, ils dépassent de 653 le chiffre de l'année 1884.

Cet accroissement de travail prouve jusqu'à l'évidence combien les cultivateurs de la région apprécient les services rendus par notre établissement. Ils comprennent que le système le plus efficace pour atténuer les effets de la crise dont l'agriculture est atteinte, et qui sévit du reste dans la plupart des autres pays, est de cultiver d'une façon rationnelle, je dirai presque scientifique, de manière à abaisser le prix de revient des produits.

Plus ce dernier sera bas, plus les cultivateurs auront de chances de faire des bénéfices. Un des moyens mis en œuvre pour diminuer le prix de revient des récoltes consiste dans l'application judicieuse des engrais. C'est ce que savent les cultivateurs intelligents; aussi portent-ils toute leur attention sur l'achat et l'emploi de ceux-ci.

Nous disons l'achat des engrais, car la forme sous laquelle les cultivateurs achètent les matières fertilisantes est d'une importance qu'il ne faut pas méconnaître.

Ainsi, un fermier qui achète un engrais complet, composé d'acide phosphorique, d'azote et de potasse, n'en obtiendra ordinairement pas les mêmes résultats que s'il avait acheté séparément les matières premières qui ont servi à la fabrication de cet engrais complet.

D'abord, l'acide phosphorique, l'azote et la potasse coûtent plus cher dans les engrais composés que dans les matières premières ; ensuite, l'application de ces trois éléments fertilisants se fait forcément en même temps, lorsqu'il s'agit d'engrais composés, ce qui, dans la généralité des cas, n'est pas rationnel. De plus, en employant des engrais complets, on s'expose à introduire dans le sol des éléments dont celui-ci était déjà pourvu en quantité suffisante, et il en résulte une dépense qui, pour le moment, était inutile.

Il est donc à souhaiter de voir se répandre davantage l'emploi des matières premières, de préférence à celui des engrais composés.

Les analyses des matières fertilisantes ont donné lieu, comme les années précédentes, à un assez grand nombre de contestations par suite des différences entre les titres trouvés par l'analyse et les titres garantis.

Ces contestations ont été résolues à l'amiable.

L'achat des engrais *à l'unité*, lequel facilite beaucoup le règlement des différends entre les acheteurs et les vendeurs, continue à gagner du terrain et est adopté généralement pour les engrais phosphatés (superphosphates, phosphates), pour les déchets de laine, etc.

Espérons que ce mode d'achat s'étendra bientôt à la plupart des autres produits agricoles.

Les échantillons de sulfate d'ammoniaque reçus au laboratoire pendant l'année écoulée ont été plus nombreux que l'année précédente ; la baisse dans le prix de ce produit en est la cause.

Certains cultivateurs, guidés par cette considération, ont remplacé le nitrate de soude, en tout ou en partie, par le sulfate d'ammoniaque.

Ils se sont surtout laissé influencer par le prix et ont tenu peu de compte de l'action exercée par ces deux espèces d'engrais sur la végétation des différentes plantes cultivées. Si nous consultons le livre de M. Paul Wagner, directeur de la station agricole de Darmstadt, sur « la question des engrais », nous voyons que les effets obtenus au moyen de l'azote, employé sous forme d'azote nitrique ou sous forme d'azote ammoniacal, ne sont pas les mêmes pour toutes les plantes. Voici ce que dit l'auteur à ce sujet, en traitant la question de l'azotate à employer pour les pommes de terre et les betteraves :

« Des essais faits dans la province de Saxe ont prouvé que les engrais au nitrate de soude ont donné des résultats de beaucoup supérieurs à ceux obtenus par tout autre engrais azoté, tant pour les pommes de terre que pour les betteraves. D'autre part, nos expériences personnelles nous ont montré d'une façon éclatante, non seulement la supériorité du nitrate de soude, mais aussi les effets funestes qui, dans certaines circonstances, sont le résultat d'un engrais au sel ammoniaque. (P. 26.)

« Nous croyons donc que, pour les pommes de terre et les betteraves, il faut renoncer absolument au sulfate d'ammoniaque et le remplacer par le nitrate de soude. Quoique l'engrais ammoniacal donne souvent d'aussi bons résultats que l'engrais au nitrate de soude, et cela surtout dans les terrains riches en chaux et en humus, par un temps humide et chaud, circonstance qui active la transformation de l'ammoniaque en acide nitrique, il n'en est pas moins certain que, dans des cas très nombreux, l'engrais à l'ammoniaque réussit évidemment moins bien que l'engrais correspondant au nitrate de soude, tandis que le contraire n'a jamais été constaté avec certitude. » (P. 28 et 29.)

Avis donc aux intéressés.

Nous avons calculé les titres moyens des principales matières fertilisantes analysées au laboratoire, pensant que ces données seraient utiles aux personnes qui achètent des engrais.

Voici les chiffres obtenus :

| | Minimum p. c. | Moyenne p. c. | Maximum p. c. | | |
|---|---|---|---|---|---|
| Phosphates fossiles belges | 18.11 | 26.52 | 28.83 | | soluble dans l'acide nitrique. |
| Superphosphates riches | 34.62 | 39.85 | 44.26 | | id. dans le citrate d'ammoniaque alcalin. |
| Superphosphates | 10.08 | 13.75 | 18.72 | acide phosphorique anhydre | id. id. |
| Plâtres phosphatés | 1.97 | 2.00 | 2.02 | | id. id. |
| Phosphates basiq. (Orban & Cie) | 2.72 | 4.08 | 7.42 | | id. id. |
| | 13.44 | 16.43 | 18.40 | | id. dans l'acide nitriq. (total) |
| Chlorure de potassium | 49.03 | 54.18 | 61.47 | | de potasse anhydre soluble dans l'eau. |
| Kaïnites | 13.03 | 13.33 | 13 63 | | id. |
| Nitrates de soude | 14.16 | 15.61 | 15.98 | | d'azote nitrique. |
| Sulfates d'ammoniaque | 19.35 | 20.08 | 20.50 | | d'azote ammoniacal. |
| Déchets de laine | 1.75 | 4.19 | 10.14 | | d'azote organique. |
| Cuirs | 7.30 | 7.56 | 7.81 | | id. |
| Chiffons | » | 10.92 | - | | id. |
| Poudre d'os | 2.73 | 3.20 | 3.80 | | id. |
| | 13 06 | 17.69 | 23.94 | | d'acide phosphorique anhydre soluble dans l'acide chlorhydrique. |

L'analyse des phosphates basiques nous a fourni des faits intéressants. Ainsi, un échantillon de ces phosphates, analysé par la méthode ordinaire, a donné, après une heure de digestion à 40° dans le citrate d'ammoniaque alcalin, 3.74 p. c. d'acide phosphorique anhydre. Une autre prise d'essai du même échantillon a donné, après quatre heures et demie de digestion à 40° dans le même réactif, 8.80 p. c. d'acide phosphorique anhydre.

Dans ce dernier cas, la matière était placée dans un mortier et triturée de temps en temps. Un autre échantillon a donné, après une heure de digestion, à 40° dans le citrate d'ammoniaque alcalin, 3.04 p. c. d'acide phosphorique anhydre et, après quatre heures, 4.48 p. c. Cette fois, la matière n'était plus triturée pendant la digestion. Ces résultats prouvent évidemment que l'acide phosphorique des phosphates basiques a une tendance à devenir assez rapidement soluble dans le citrate ammoniacal et qu'il y a un grand avantage à les broyer le plus finement possible.

Si nous passons maintenant aux analyses des matières alimentaires pour le bétail, nous voyons qu'elles ont donné les résultats suivants :

| | Matières minérales. P. c. | Matières grasses. P. c. | Matières albuminoïdes. P. c. |
|---|---|---|---|
| | MOYENNE DE 3 ANALYSES. | | |
| Tourteaux de lin . . . . . | 7.69 | 10.11 | 29.81 |
| | MOYENNE DE 13 ANALYSES. | | |
| Id. de colza . . . . | 7.50 | 10.08 | 30.51 |
| | MOYENNE DE 3 ANALYSES. | | |
| Id. d'arachides . . . | 6.39 | 11.71 | 42.67 |
| | MOYENNE DE 7 ANALYSES. | | |
| Id. de cocotier . . . | 6.21 | 13.27 | 18.99 |
| | MOYENNE DE 3 ANALYSES. | | |
| Farines de cocotier . . . . | 7.41 | 7.96 | 19.57 |
| | MOYENNE DE 4 ANALYSES. | | |
| Sons . . . . . . . . | » | 3.83 | 13.62 |

5 échantillons de tourteaux de colza dégageaient une légère odeur d'essence de moutarde, et quatre une forte odeur.

Nous regrettons que le nombre de ces différentes matières alimentaires envoyées à l'analyse soit aussi peu considérable. Les falsifications sont nombreuses de nos jours et les cultivateurs courent de grands risques en acceptant les yeux fermés les divers tourteaux, etc., qu'on leur présente.

Nous avons fait également peu d'essais de semences (10).

La moyenne du pouvoir germinatif de nos échantillons de grains de betteraves a été 84.58 p. c.

Un échantillon nous a donné 98.03 p. c. de pureté : c'est le seul dans lequel on nous demandait de la déterminer.

Sur 45 échantillons d'eau soumis à nos essais, 28 ont été déclarés impropres à l'alimentation. La question des eaux potables est très importante, car c'est la santé des consommateurs qui est en jeu; aussi les personnes qui emploient les eaux de puits pour leur alimentation devraient-elles les faire examiner dès qu'elles y remarquent un changement d'aspect, d'odeur ou de goût. L'administration communale de la ville de Liége a pris une très sage mesure en faisant analyser régulièrement l'eau alimentaire dont les habitants font usage. Cette mesure permet aux agents préposés au service des eaux de se tenir constamment au courant de l'état de salubrité de celles-ci.

Nous avons, comme les années précédentes, procédé à l'examen d'un certain nombre d'échantillons de denrées servant à l'alimentation de l'homme. Plusieurs de ces denrées étaient falsifiées d'une façon vraiment inouïe. Ainsi, un échantillon de poivre contenait 10 p. c. environ de matières terreuses et 30 p. c. de fécule de pomme de terre. Le poivre est, du reste, très souvent falsifié, à cause de son prix élevé. Le commerce nous offre deux espèces de poivre : le poivre noir et le poivre blanc ; ce dernier a pour origine le poivre noir décortiqué. Le poivre se vend en grains ou en poudre ; c'est le poivre en poudre qui est naturellement le plus souvent falsifié. On le falsifie au moyen de poudres préparées avec des tourteaux de lin, de colza, de faînes, de chènevis, de sésames, etc., avec les poudres obtenues des grabeaux, de la maniguette, des noyaux d'olives. On y mélange également les différentes farines et fécules, ainsi que du plâtre, de la craie, des balayures de magasin, etc. M. Girard, chef du laboratoire municipal de Paris, dans son ouvrage sur les falsifications des matières alimentaires, dit : « Certains féculiers enterrent pendant un an une certaine quantité de résidu de râpage de la pomme de terre. Cette masse fermente et répand bientôt une odeur infecte. Au bout de l'année, elle est séchée au soleil et vendue spécialement pour la fabrication du poivre. Elle a acquis une saveur âcre, brûlante, qui est très appréciée par les falsificateurs. »

Les poivres en grains sont également l'objet de falsifications. M. Chevallier cite ce fait qu'en opérant l'analyse de 40 balles de poivre en grains, il y avait trouvé des grains de poivre artificiel dans la proportion de 15 à 20 p. c.

Pour fabriquer ces grains, on emploie une pâte composée de farine de seigle, de débris de poivre, de poudre de moutarde, de piment, de plâtre, etc. Le moyen le plus certain, cependant, d'avoir du poivre pur est encore de l'acheter en grains et de le broyer soi-même.

Je mentionnerai également deux échantillons de moutarde de table qui renfermaient respectivement 20 et 50 p. c. de farine de froment et étaient colorés au moyen de curcuma. On colore aussi la moutarde avec du safran et de la gomme-gutte.

Pour découvrir ces fraudes, voici le procédé indiqué par MM. Chevallier et Baudrimont :

« On agite à froid une demi-cuillerée à café de la moutarde suspecte avec deux ou trois fois son volume d'esprit de bois. On filtre et on évapore le liquide à siccité au bain-marie, dans une capsule au milieu de laquelle on aura placé un morceau de papier à filtrer de la grandeur d'une pièce de dix centimes. On humecte le papier sec avec une solution aqueuse saturée d'acide borique, et on évapore de nouveau à siccité : s'il y a du safran ou du curcuma, le papier prendra une teinte rougeâtre. En laissant tomber ensuite sur le papier une goutte de potasse ou de soude caustique, le safran produira une série de belles couleurs où domineront le vert et le violet. L'acide chlorhydrique rétablira la tache rouge orangé, dont les alcalis pourront changer encore la couleur. La gomme-gutte se retrouve de la même manière, mais elle rougit au contact des alcalis et la tache devient jaune par les acides. »

On nous a envoyé, pendant l'année écoulée, un certain nombre d'échantillons de beurre à examiner, afin de déterminer s'ils étaient purs ou additionnés de matières grasses étrangères. Nous croyons bon de rappeler que le beurre est une matière également très souvent falsifiée. Il n'entre pas dans le cadre de ce rapport d'en examiner les nombreuses falsifications; aussi nous bornerons-nous à dire qu'actuellement la principale fraude consiste dans l'addition de margarine. Un syndicat agricole s'est formé à Verviers pour réprimer cet abus, qui menaçait de détruire complètement la bonne réputation du beurre du pays de Herve. L'analyse du beurre au point de vue de la recherche de la quantité de margarine y introduite a été longtemps obscure. La lumière s'est faite heureusement peu à peu, et, de nos jours, nous possédons plusieurs méthodes qui nous permettent d'opérer avec une exactitude suffisante. Les méthodes généralement suivies sont : la méthode Reichert, dans laquelle on dose les acides gras volatils; la méthode de Kœttstorfer, où l'on titre directement le beurre par une solution alcoolique de potasse, et, enfin, la méthode de Hehner, dans laquelle on détermine la quantité des acides gras insolubles contenus dans le beurre. C'est cette dernière que nous employons.

Voici comment nous procédons : Le beurre est fondu au bain-marie dans une capsule en porcelaine; lorsque la masse est fondue, la capsule est retirée du bain-marie et on laisse déposer. L'eau et la caséine vont au fond ; on décante alors avec précaution la couche supérieure du beurre liquide dans un verre à pied et on laisse encore une fois déposer, afin d'être certain de n'avoir que de la matière grasse bien pure. Au bout d'un certain temps, on décante la partie supérieure du beurre contenu dans le verre à pied sur un petit filtre rond, de façon à en avoir environ une quinzaine de grammes. On porte le tout dans l'étuve et on chauffe à 85° jusqu'à complète filtration. On laisse refroidir et pèse 5 grammes du beurre ainsi traité dans une capsule en porcelaine de 11 centimètres de diamètre. On chauffe au bain-marie jusqu'à fusion et on ajoute 30 centimètres cubes d'une solution alcoolique de potasse au dixième préparée la veille et filtrée. Le beurre se saponifie, et quand la masse, qui s'était troublée par l'addition de la solution de potasse, est redevenue claire, on s'assure de la complète saponification en y ajoutant 2 ou 3 gouttes d'eau qui ne doivent plus troubler le liquide. Pendant ces opérations, la capsule ne doit pas quitter le bain-marie.

On évapore complètement jusqu'à ce que le savon formé soit devenu bien sec et s'écrase facilement sous la pression de l'agitateur. On reprend par 100 centimètres cubes d'eau distillée et, quand le savon est dissous et que le liquide est tout à fait clair, on précipite les acides gras par l'acide chlorhydrique jusqu'à réaction fortement acide. Les acides gras se précipitent sous forme d'une masse blanche qui bientôt devient parfaitement limpide. On chauffe encore pendant quelques instants et l'on retire la capsule du bain-marie. Lorsque le liquide contenu dans la capsule est refroidi et que les acides gras se sont solidifiés, on décante sur un filtre taré. (Nous tarons le filtre sur un verre de montre, de manière à augmenter la surface d'évaporation et à amincir la couche des acides gras.) Les acides gras restés dans la capsule sont refondus avec 50 centimètres cubes d'eau chaude et fortement agités. On laisse refroidir de nouveau et on décante encore une fois sur le filtre. On répète cette opération une douzaine de fois. Le liquide de lavage est alors presque toujours exempt de chlore et n'est plus acide. (Il est très important de bien laver les acides gras, sinon on obtiendra très difficilement un poids constant. En effet, les acides gras volatils, peu solubles, restent dans la masse des acides gras insolubles dans l'eau et ils se volatilisent lentement pendant le séchage.) Les acides gras sont ensuite amenés complètement sur le filtre et lavés encore à plusieurs reprises à froid. Le filtre est enlevé de l'entonnoir et placé sur le verre de montre qui a servi à le tarer. On sèche à l'étuve à eau jusqu'à poids constant. Le poids trouvé indiquera si le beurre est pur ou non. En effet, le beurre pur renferme en moyenne 87.5 p. c. d'acides gras insolubles, tandis que les graisses animales en contiennent 95.5 p. c. Cela fait une différence de 8 p. c. Par une simple proportion, on pourra donc déterminer la quantité de matières grasses animales introduites dans le beurre. M. Girard, dont nous avons déjà cité le nom, a même dressé à cet effet un tableau indiquant la proportion de margarine renfermée dans le beurre d'après la quantité d'acides gras trouvée par l'analyse. Cette méthode n'est, en somme, pas très compliquée, et elle peut être employée dans tous les laboratoires; elle est certainement moins longue que le dosage de la potasse dans les engrais composés, et elle exige peu de réactifs. Pour notre part, nous la considérons comme très pratique. Il y a un point, cependant, sur lequel les chimistes ne sont pas d'accord : c'est le chiffre d'acides gras insolubles que peut contenir au maximum un beurre pur. Ainsi, Hehner en admet 87.5 à 88 p. c.; F. Jean, 88 p. c.; Kretzschmar, 88 à 90 p. c.; Bell, Fleischmann et Vielts en fixent les limites entre 85.79 et 89.73 p. c. Nous avons voulu nous assurer si le beurre du pays, et spécialement celui de Herve, renfermait plus de 88 p. c. d'acides gras insolubles, et nous avons fait plusieurs analyses de beurres de provenance certaine.

En voici les résultats :

| | | Acides gras insolubles p. c. |
|---|---|---|
| Beurres du pays de Herve. Maximum | | 87.96 |
| Id. | Moyenne de 17 analyses | 87.28 |
| Id. | Minimum | 85.99 |
| Beurre de Lincé Sprimont (Liége) | | 87.18 |
| Id. de Velm (Limbourg) | | 87.96 |
| Id. de Hasselt id. | | 86.70 |
| Id. de la ferme du Bas-Daussoulx (Namur) | | 87.52 |

Ces résultats, comme on le voit, sont en faveur du chiffre adopté par Hehner. Nous continuerons du reste ces expériences, de façon à établir une moyenne sur un plus grand nombre d'analyses.

D'autres échantillons de beurre envoyés pour déterminer leur teneur en eau en contenaient respectivement 25.22, 21.38, 20.34, 14.60, 7.63 et 3.75 p. c.

Deux échantillons vendus comme beurre pur étaient tout simplement de la margarine et renfermaient 94.60 p. c. et 94.44 p. c. d'acides gras insolubles.

Les analyses de betteraves ont été plus nombreuses au laboratoire en 1885 que les années précédentes.

Voici les titres moyens des 522 échantillons analysés :

|  | Densité du jus. | Sucre p. c. dans la betterave. | Quotient de pureté du jus. |
|---|---|---|---|
| Minimum. | 1.0401 | 6.67 | 70.30 |
| Moyenne | 1.0637 | 12.71 | 86.12 |
| Maximum | 1.0810 | 16.26 | 87.79 |

La moyenne en 1884 était de 11.58 p. c. de sucre dans la betterave ; celle de 1885 est de 12.71 p. c., d'où une augmentation de 1.13 p. c.

Nous avons fait également plusieurs analyses de malts. Ceux-ci renfermaient en moyenne 7.98 p. c. d'eau et 70.18 p. c. d'extrait.

On nous a demandé plusieurs fois de déterminer la quantité de gluten hydraté contenu dans des échantillons de farine de froment.

Voici la moyenne de 8 analyses :

|  |  |  |  |
|---|---|---|---|
| Gluten hydraté p. c. | Minimum. | . . . . . | 25.83 |
| | Moyenne | . . . . . | 29.39 |
| | Maximum | . . . . . | 34.33 |

Pour doser le gluten, nous prenons 30 grammes de farine et nous les triturons dans un mortier avec un peu d'eau, de façon à faire un pâton homogène. Ce pâton est abandonné à lui-même pendant trois heures. (D'après Bénard et J. Girardin, il donne alors une plus grande quantité de gluten que si on lévigeait tout de suite.) Au bout de ce temps, nous le mettons dans un linge bien noué et nous le plaçons sous un filet d'eau. On malaxe doucement avec la main jusqu'à ce que l'eau passe claire ; alors on retire le gluten du linge et on continue à le malaxer au-dessus d'un tamis pendant un certain temps, afin d'enlever le son adhérent. Lorsqu'il ne contient plus d'amidon, on le passe plusieurs fois entre les mains jusqu'à ce qu'il finisse pour coller aux doigts ; on pèse et on déduit du poids obtenu la quantité de gluten hydraté contenu dans la farine.

Les caractères tirés du gluten sont précieux dans l'appréciation des farines. Ainsi, le gluten d'une farine de bonne qualité est blond jaunâtre, plastique, homogène et se réunit bien pendant le malaxage. Le gluten des farines altérées par la fermentation se rassemble lentement pendant le malaxage et sa masse est bien moins consistante et élastique que celle donnée par une bonne farine. Si on le dessèche, il est peu feuilleté, dur et a souvent une coloration assez forte.

Nous aurions voulu continuer pendant l'année écoulée les essais que nous avions entrepris précédemment et qui se rapportaient au dosage de l'azote total dans les engrais ; mais cela ne nous a pas été possible, par suite de l'augmentation de notre travail courant. Nous espérons pouvoir les continuer pendant l'année 1886.

Nous terminerons l'exposé de nos travaux en signalant que M. Dosogne, préparateur, a été envoyé en cette même qualité au laboratoire agricole de Gand et qu'il a été remplacé dans notre laboratoire par M. de Thier, ingénieur des arts et manufactures. Quant à M. Delecour, il a continué à nous prêter un concours dévoué.

www.ingramcontent.com/pod-product-compliance
Lightning Source LLC
Chambersburg PA
CBHW050424210326